AF575883

curiosidad por
LOS TANQUES
POR RACHEL GRACK
AMICUS LEARNING

¿Qué te causa

curiosidad?

Curiosidad por es una publicación de
Amicus Learning, an imprint of Amicus
P.O. Box 227, Mankato, MN 56002
www.amicuspublishing.us

Editora: Alissa Thielges
Diseñadora de la serie: Kathleen Petelinsek
Diseñadora de libro: Aubrey Harper

Información del Catálogo de publicaciones está
Names: Koestler-Grack, Rachel A., 1973- author.
Title: Curiosidad por los tanques / por Rachel Grack.
Other titles: Curious about tanks. Spanish
Description: Mankato, MN: Amicus Learning, [2025] | Series: Curiosidad por las máquinas militares | Includes index. | Audience: Ages 6–9 | Audience: Grades 2–3
Identifiers: LCCN 2023043672 (print) | LCCN 2023043673 (ebook) | ISBN 9781645499497 (library binding) | ISBN 9798892000420 (ebook)
Subjects: LCSH: Tanks (Military science)—Juvenile literature. | Armored vehicles, Military—Juvenile literature.
Classification: LCC UG446.5 .K613218 2025 (print) | LCC UG446.5 (ebook) | DDC 623.74/752—dc23/eng/20231107
LC record available at https://lccn.loc.gov/2023043672
LC ebook record available at https://lccn.loc.gov/2023043673

Créditos de las imágenes: Alamy/INTERFOTO/History 21 (2), Niday Picture Library 21 (4); Department of Defense 4–5; DVIDS/Capt. Thomas Barger 11 (IFV), Cpl. Alisha Grezlik 14–15, Cpl. Gabrielle Quire 17, Lance Cpl. Menelik Collins 12–13, Marine Corps Sgt. M. Trent Lowry 10, Sgt. Alexis Flores 20, Sgt. Chad Menegay 18–19, Sgt. Leon Cook 9, Sgt. Matthew Lucibello 11 (APC); iStock/huettenhoelscher 8, vasiliki cover, 1, 11 (tank); Noun Project/Sandhi Priyasmoro 22 & 23 (icons); Shutterstock/ID1974 16; Wikimedia Commons/German Federal Archive 21 (3), HMSO 6–7, Mil.ru 21 (1), PHC HOLMES 21 (5)

Impreso en China

CAPÍTULO UNO

¿Qué son los tanques?

Marines de EE. UU. avanzan por un camino de tierra en un tanque M1 Abrams.

Los tanques son vehículos de combate **blindados**. Atraviesan las líneas enemigas. Las balas rebotan en el **casco**. Anchas orugas envuelven las ruedas. Se desplazan sobre **obstáculos** y terrenos irregulares. Su gran cañón y sus ametralladoras giran en cualquier dirección. Listos. Apunten. ¡Fuego!

El primer tanque de la historia se llamó "Little Willie".

¿Quién construyó el primer tanque?

Gran Bretaña lo hizo en la Primera Guerra Mundial (1914–18). Los enemigos se escondían en **trincheras** detrás de alambre de puas. Cruzar una trinchera era peligroso y mortal. Pero no había otra forma de evitarlas. Los británicos construyeron un vehículo de combate blindado para transportar a los soldados de forma segura. Al principio, mantuvieron el vehículo en secreto. Lo llamaron "tanque de agua". Lo de "tanque" se mantuvo.

¿Qué tan potentes son los tanques?

El M1 Abrams produce 1.500 caballos de fuerza. Lo mismo que dos autos de carrera. Los M1 son los principales tanques de batalla del ejército de EE. UU. Sus motores son potentes pero ligeros. Los M1 pueden **acelerar** más rápido que cualquier otro tanque. Pasan de 0 a 20 millas (32 km) por hora en 7,2 segundos.

TANQUE M1 ABRAMS

Velocidad máxima: 42 millas (68 km) por hora
Peso: 70 toneladas (64 toneladas métricas)
Armas: 1 cañón, 3 ametralladoras
Obstáculo vertical: 42 pulgadas (107 centímetros)
Ancho máximo de cruce de trincheras: 9 pies (2,7 m)

Un tanque M1 avanza a través de los alambres de espinos y la arena durante un ejercicio de entrenamiento.

¿Qué combustible utilizan los tanques?

Tanto los camiones como los helicópteros pueden ayudar a los tanques a reabastecerse.

Los tanques utilizan gasolina, diésel y **combustible** para aviones. Los tanques del M1 tienen una capacidad de 490 galones (1.850 litros). Eso parece mucho. Pero solo pueden recorrer 265 millas (426 km) con esa cantidad. ¡Obtienen menos de 1 milla por galón (0,4 km/litro)!

Vehículo de combate de infantería: Transporta soldados y ofrece poder de fuego adicional. Fuertemente armado.

Transporte blindado de personal: Transporta tropas a la batalla. De ligera a moderadamente armado. Son más rápidos que los tanques, pero no pueden desplazarse por terrenos difícil.

Tanque: Se utiliza para la batalla. Fuertemente armado. Blindado contra casi cualquier arma.

VEHÍCULOS DE COMBATE BLINDADOS

Los tanques tienen un blindaje más grueso en la parte delantera del casco.

¿Qué hace que los tanques sean a prueba de balas?

¿SABÍAS?
Si un arma atraviesa el blindaje, los sistemas de seguridad a bordo apagan rápidamente el fuego y limpian el aire.

¡Los materiales exactos son un secreto! Pero conocemos algunos. El exterior está cubierto de gruesas placas de acero. Las paredes interiores también. Se colocan bloques de cerámica entre las paredes. Estos absorben el calor de los misiles. Las bolsas de aire atrapan gases y trozos de metal. No es mucho lo que puede llegar a la tripulación.

¿Cuántas personas caben en un tanque?

Una tripulación practica cómo se dispara el cañón del tanque.

La mayoría de los tanques llevan una tripulación de cuatro soldados. Un cargador pone **munición** en el cañón principal. El artillero dispara al enemigo. Otro soldado conduce el tanque. El comandante supervisa toda la acción. Dirige a la tripulación y se comunica con otros tanques.

¿SABÍAS?
Algún día, los tanques robóticos podrán entrar en combate sin tripulación.

Algunos tanques utilizan cámaras para ayudar al conductor a ver.

¿Cómo es conducir un tanque?

Abarrotado y complicado. El asiento es pequeño y se inclina hacia atrás. Hay muy poco espacio para moverse. Los conductores manejan con un manubrio similar al de una motocicleta. Los tanques no tienen ventanas. Los conductores utilizan **periscopios** para encontrar su camino. ¡Conducen a través de las llamas y el humo de la batalla!

Una persona en los marines escucha con auriculares mientras está sentado en el asiento del conductor de un tanque.

¿Cuál fue la batalla de tanques más grande de la historia?

Los tanques son difíciles de vencer en una batalla.

La batalla de Kursk durante la Segunda Guerra Mundial (1939–45). Hasta 10.500 tanques lucharon durante los dos meses que duró la batalla. Pero el combate de tanques más aterrador tuvo lugar en la Guerra del Golfo (1990–91). Más de 3.000 tanques se enfrentaron en el desierto de Irak. Los estruendos y ráfagas de la batalla duraron 36 horas. Se la conoce como la "noche del horror".

LA NOCHE DEL HORROR
GUERRA DEL GOLFO, 1991
TOTAL DE TANQUES: 3.000

BATALLA DE LAS ARDENAS
SEGUNDA GUERRA
MUNDIAL, 1944–45
TOTAL DE TANQUES: 3.400

BATALLA DE BRODY
SEGUNDA GUERRA MUNDIAL, 1941
TOTAL DE TANQUES: 3.850

BATALLA DE
BIALYSTOK-MINSK
SEGUNDA GUERRA MUNDIAL, 1941
TOTAL DE TANQUES: 6.458

BATALLA DE KURSK
SEGUNDA GUERRA MUNDIAL, 1943
TANQUES TOTALES:HASTA 10.500

¿Hay algo que pueda destruir un tanque?

Aunque los tanques son fuertes, la tripulación tiene cuidado de evitar los disparos cuando mira por la escotilla.

Sí. Hay misiles antitanque. Los misiles Hellfire son los más fuertes. Pueden destruir cualquier tanque del mundo. Estos misiles son guiados por un **láser**. Se fijan en los **objetivos** y casi nunca fallan. Pero la mayoría de los otros misiles no detienen un tanque. ¡Adelante!

HAZ MÁS PREGUNTAS

¿Qué país tiene más tanques de batalla?

¿Cuánto cuesta un tanque de batalla?

Prueba con una PREGUNTA GRANDE: ¿Cómo ayudan los tanques a ganar una guerra?

BUSCA LAS RESPUESTAS

Busca en el catálogo de la biblioteca o en Internet.
Pueden ayudarte tus padres, un bibliotecario o un maestro.

Usar palabras clave
Busca la lupa.

Las palabras clave son las palabras más importantes de tu pregunta.

¿

Si quieres saber sobre:

- quién tiene más tanques, escribe: TANQUES DE BATALLA POR PAÍS
- el costo de un tanque de batalla, escribe: COSTO DE UN TANQUE DE BATALLA

GLOSARIO

acelerar Ganar velocidad.

blindaje Capa exterior protectora.

casco La cubierta exterior de la parte superior de un tanque.

combustible Un material, como el carbón, el petróleo o el gas, que se quema para producir calor o energía.

láser Dispositivo que produce un haz de luz estrecho y potente.

munición Los objetos (como balas y proyectiles) que se disparan desde las armas.

objetivo Objeto al que apunta un arma.

obstáculo Objeto a saltar o esquivar.

periscopio Tubo largo con lentes y espejos en su interior que se utiliza para mirar por encima o alrededor de algo.

trinchera Zanja larga y estrecha utilizada como protección para los soldados.

ÍNDICE

Acerca de la autora

Rachel Grack es editora y escritora de libros para niños desde 1999. Vive en un pequeño rancho en Arizona. Rachel siente un profundo respeto por las fuerzas armadas de los EE. UU. Su tío sirvió como teniente primero en la Infantería de Marina. Era piloto de un F-8 Crusader.